小小牛顿 科学启蒙
—大百科—

垃圾总动员

牛顿出版股份有限公司 / 编著

U0177464

超酷的
科学实验

外语教学与研究出版社
北京

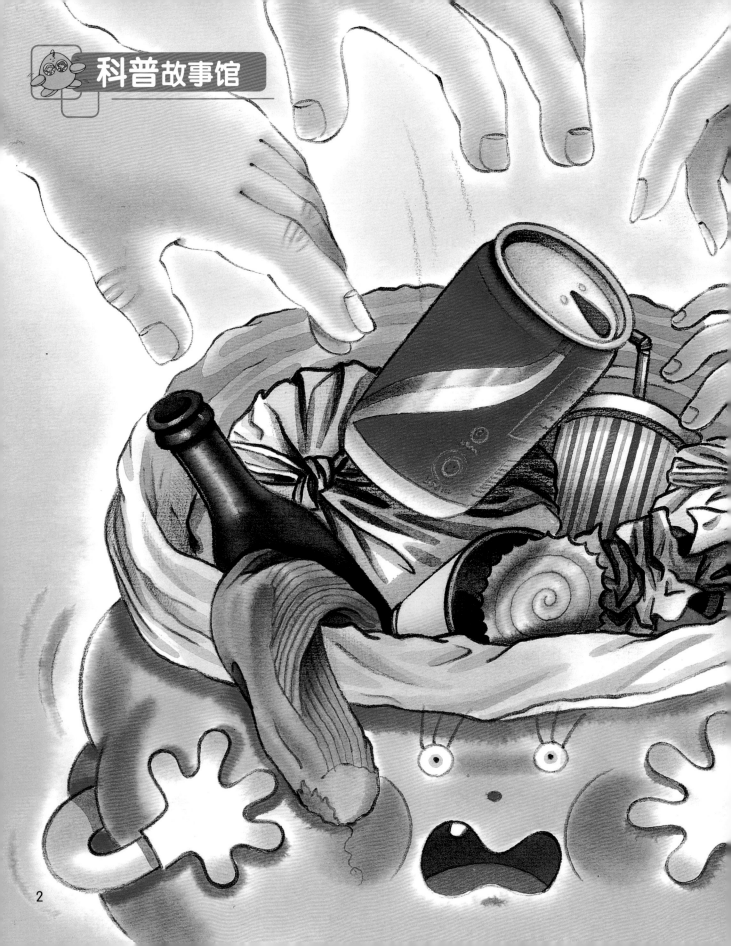

垃圾总动员

人们每天都制造这么多垃圾，我们垃圾桶真吃不消！

阿宝哥，快帮帮我们呀！

我们快帮垃圾桶清掉垃圾！

比你们想象的多很多！

你们制造出来的垃圾，

你知道家里一天要制造多少垃圾吗？如果不扔垃圾，结果会怎么样呢？

天啊！
这怎么吃饭呢？

7

真是伤脑筋，赶快把家里的垃圾都清理掉吧！

垃圾会被收到哪儿去呢？

大部分的垃圾都会被送往垃圾填埋场或焚烧厂。

蔬果商超

卫生掩埋法

把垃圾运到垃圾填埋场，再用土把它们掩埋起来。但是垃圾越来越多，填埋的土地很快就不够用了。

焚烧法
将垃圾送到焚烧厂烧掉。焚烧垃圾确实可以解决占地问题，但成本较高，而且产生的很多有毒气体不好处理，会污染环境，所以也不是最好的方法。

垃圾真的都没有用了吗？

在家中做好垃圾分类，并且回收可以再利用的废弃物，这样垃圾量就可以有效减少。

厨余垃圾要先尽量沥干水分再丢弃。

把垃圾袋口绑紧，垃圾才不会散落出来。

垃圾可回收类别

1. 塑料　2. 金属　3. 玻璃　4. 纸类

其实，最根本的方法是避免制造垃圾。

买菜时，自己带布袋子或是手推车，就可以减少塑料袋的使用。

买东西时，避免过度包装，也可以减少垃圾产生。

做折纸手工的时候重复利用报纸和广告纸，双面使用白纸，都是减少垃圾的方法。

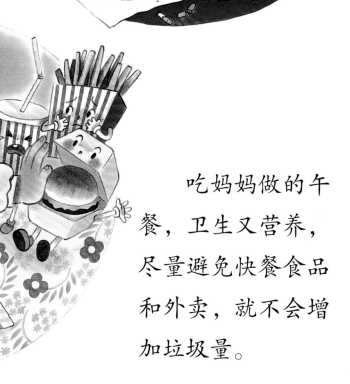

吃妈妈做的午餐，卫生又营养，尽量避免快餐食品和外卖，就不会增加垃圾量。

15

不用的旧东西、不穿的旧衣服送去回收，或是加入小区里的跳蚤市场，和别人相互交换玩具，这些都是活用资源、减少垃圾的好方法。

给父母的悄悄话：

我们经常会将觉得不需要的东西随手丢弃，也并不会觉得这么做有什么不妥。其实很多被丢弃的东西还是可以用的，并不是真正意义上的垃圾。这样过度浪费不仅会增加垃圾处理的负担，有时也会因处理不当而污染环境。

虽然大家都不喜欢垃圾，却一直在不断制造垃圾。要解决垃圾问题必须从每个个体开始努力，例如做好垃圾分类、资源回收及减少制造垃圾等。

豌豆

豌豆茎长又卷，
豌豆叶一对对，
豌豆花像蝴蝶，
结成豆荚像弯月。

种子

豌豆的生长过程

5～6天   2周

18

开花

3 周

营养美味的豌豆

　　豌豆的豆荚有软荚、硬荚两种。软荚比较扁，里面的豌豆仁小小的，整个豆荚都可以吃；硬荚比较胖，里面的豌豆仁又大又圆，因为豆荚太硬了，所以只有豌豆仁可以吃。

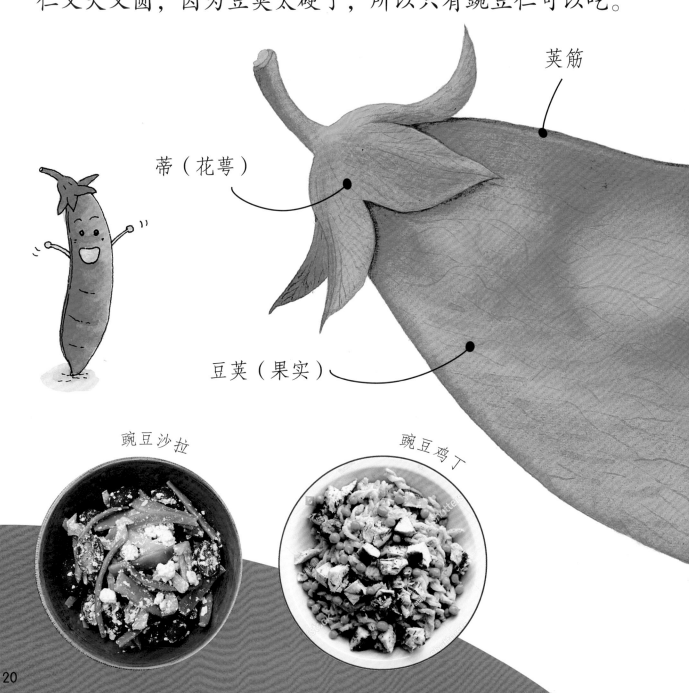

荚筋

蒂（花萼）

豆荚（果实）

豌豆沙拉

豌豆鸡丁

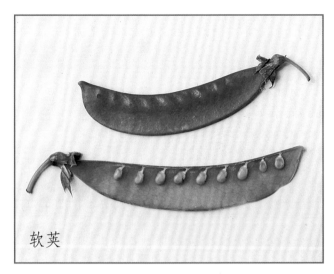

软荚

硬荚

豌豆仁（种子）

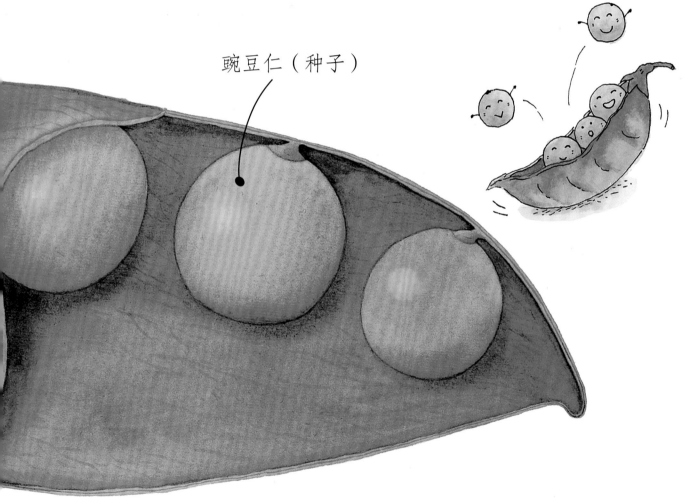

 豌豆甜甜的，可以促进肠道蠕动防止便秘，
还能保护视力，提高免疫力哦！

认识各种豆类

每种豆子的豆荚形状都不同，让我们一起来认识一下它们的名字和区别，顺便学习一下择豆子的方法吧！

扁豆

四季豆

硬荚豌豆

四季豆

甜豆

豇豆

软荚豌豆

豇豆

皇帝豆

给父母的悄悄话：

豌豆和其他豆类蔬菜一样，都含有丰富的蛋白质和维生素，烹调时最好用猛火快炒，这样不仅色泽青翠，养分也不会流失。

我爱做实验　哪个东西滚得快

从斜坡上同时放开立方体和圆柱体，哪一个先到斜坡下呢？

 立方体和圆柱体，哪一个先到斜坡下呢？

 长短不同的圆柱体同时滚下斜坡，哪一个滚得比较快呢？

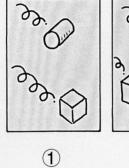

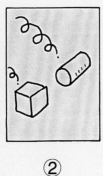

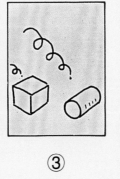

① ② ③

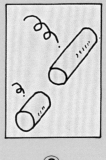

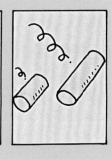

① ② ③

再用大球和小球比比看。

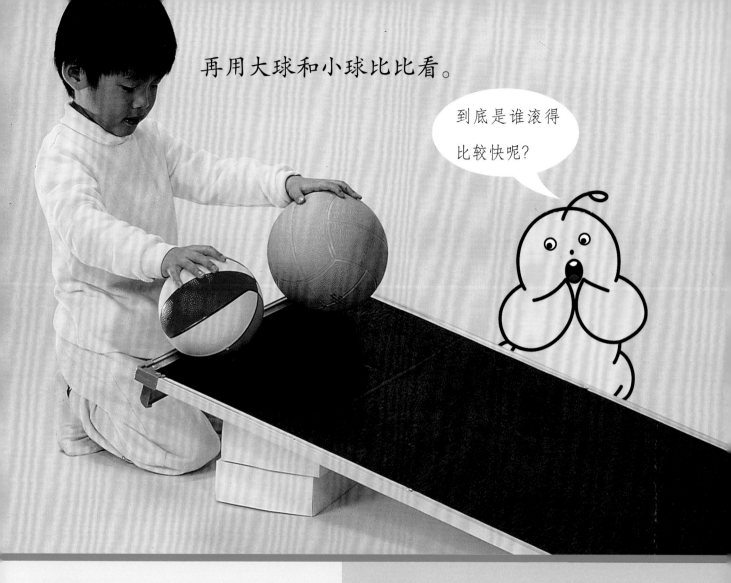

到底是谁滚得比较快呢？

比比看，大球和小球，哪一个滚得比较快呢？

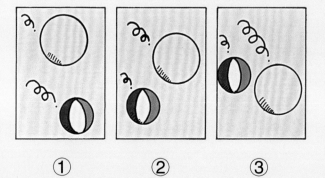

① ② ③

也试试看，空罐头和装有果汁的罐头，哪一个滚得比较快呢？

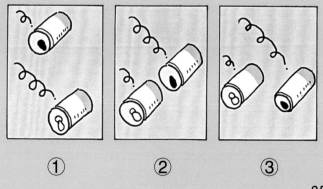

① ② ③

比赛结果

哇！真快！

1 圆柱体比较快到达斜坡下。

2 不论是短的还是长的圆柱体，滚下去的速度都一样。

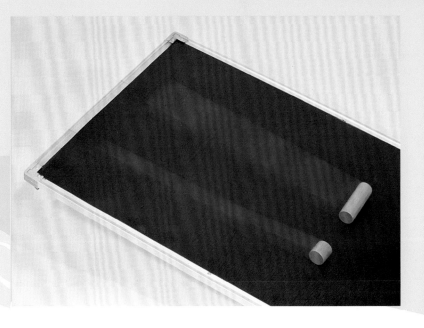

③ 大球和小球滚得一样快耶！

④ 装有果汁的罐头比空罐重，所以滚得比较快。

给父母的悄悄话：

　　物体的形状、大小、重量以及斜坡的倾斜程度，都会影响物体在斜坡上的移动速度。斜坡越斜，物体滚动的速度越快；圆柱体滚下来的速度比立方体滑下来的速度快；比较重的物体滚动的速度也比较快。

　　父母可以准备各种形状、大小、重量不同的物体，在不同角度的斜面上，让孩子比较它们的速度，进而让孩子发现、归纳出其中的原理。

蛋要怎么分？

哇！

　　卷头、平头和骨头是好朋友。
有一天，他们到丛林里打猎，骨头
发现草堆里有好多大大的蛋。

28

　　卷头问："到底有几颗蛋呢?"

　　平头想了想,用绳子把10颗蛋围了起来,"绳子里有10
颗,绳子外有4颗,10加4,总共是14颗蛋。"

要怎么分呢?

大家轮流
搬蛋呀!

蛋好重，这样
分蛋很辛苦。

卷头想到一个好办法："我们轮
流在蛋上面做记号！"

大家做完记号后，数一数，每种记号各有4个，代表每个人可以分4颗蛋。不过，还剩下两颗蛋，该怎么办呢？

你们每人多拿
1颗蛋好了！

煎成大蛋饼，
大家一起吃！

妈妈!

救命啊!

三个人正想开始搬蛋，突然听到"啪、啪"的声音，蛋壳裂开了，好几只小恐龙跑出来，卷头、平头和骨头吓得赶快逃回了家。

给父母的悄悄话：

　　这个故事不仅传达了数数和分配的概念，还包含了解决问题的过程。对于戏剧化的结局，孩子有何反应呢？请家长与孩子讨论一下。

猴子做新衣

猴子是森林里最有名的裁缝。

"我是最棒的裁缝，任何衣服都会做，而且一定能让客人满意。"

松鼠走进店里订做衣服，它说："我最喜欢五指茄的颜色，所以，我要订做一件五指茄色的衣服。"

"你说的五指茄色，是什么样的颜色呢？"

"就是和五指茄一样的颜色呀！"

"好吧！我一定会找出五指茄色！"

猴子从没有见过五指茄。

于是它问蝴蝶："你每天飞来飞去，一定见过五指茄，五指茄是什么颜色呢？"

"我现在吸的花蜜，就是五指茄花的花蜜。"

猴子看到紫色的五指茄花，高兴地说："原来是这个颜色呀！我知道了，五指茄的颜色是紫色。"

猴子回去以后，立刻开始为松鼠缝制紫色的衣服，衣服很快就做好了。

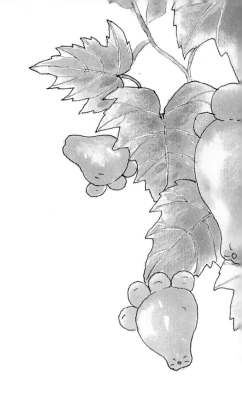

　　松鼠看到衣服，皱着眉头说："不对不对，我喜欢的是五指茄的颜色，不是这个颜色。"

　　"啊——不是这个颜色呀！真对不起，我马上再帮你重做一件衣服。"

　　猴子又去看了看五指茄，这时候的五指茄结出了一个个绿色的果子。"哎呀！原来松鼠喜欢的不是紫色，而是绿色。"

　　猴子立刻回家，赶忙又做了一件绿色的衣服。

　　做好以后，松鼠看了还是摇摇头，它说："五指茄的颜色很漂亮，不是这个颜色！"

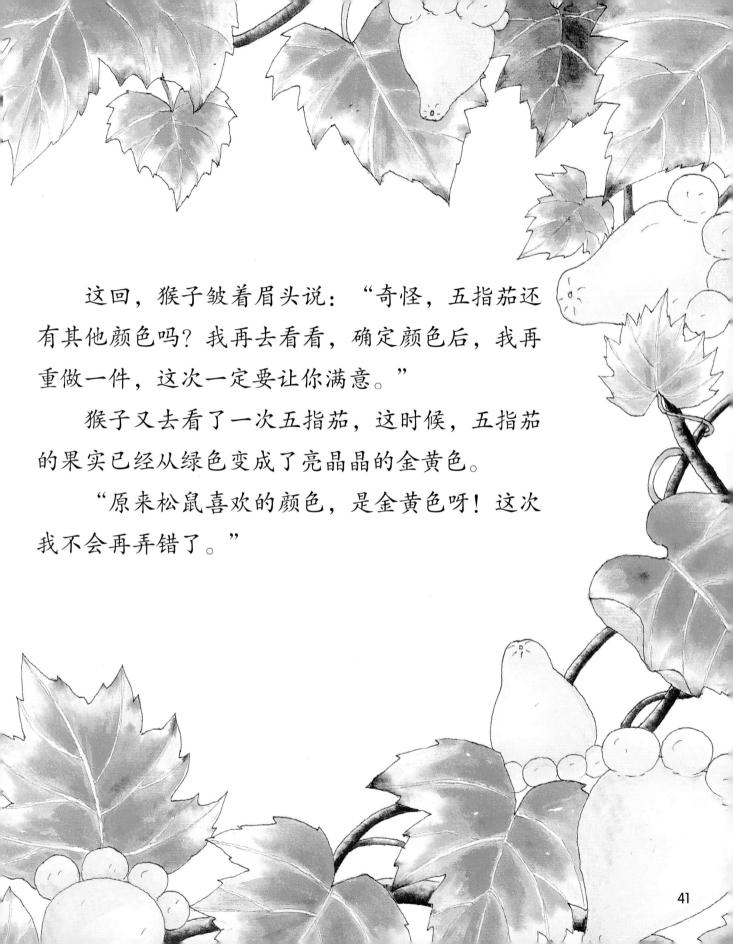

　　这回，猴子皱着眉头说："奇怪，五指茄还有其他颜色吗？我再去看看，确定颜色后，我再重做一件，这次一定要让你满意。"

　　猴子又去看了一次五指茄，这时候，五指茄的果实已经从绿色变成了亮晶晶的金黄色。

　　"原来松鼠喜欢的颜色，是金黄色呀！这次我不会再弄错了。"

猴子回去以后，很快就把衣服做好了，并且决定亲自送给松鼠。还没到松鼠家，猴子就远远地看到松鼠家的院子里种了好多五指茄，金黄色的果子看起来好漂亮。

　　松鼠高兴地穿上金黄色的新衣服，还送给猴子一大篮子五指茄。

小榕叶

小榕叶，
不稀奇，
满枝满树密又密。
借一片，
卷成笛子吹几遍，
哔——哔——哔——
吹出曲子真稀奇。

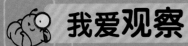

海芋的大叶子

　　海芋又叫"滴水观音"，喜欢生长在热带雨林等潮湿高温的环境中，不喜强光。它的叶子非常大，叶子的形状很漂亮，颜色也很鲜艳，是很常见的观叶植株。不过它有毒，尤其茎的毒性最大，因为其植株外形与芋头很像，在野外经常会发生被误摘、误食的情况。为了避免这样的事情发生，小朋友们还是尽量不要在野外随意采摘植物哦。